Scrapbook 玩手作

40 個好感 x 創意幸福提案

目錄

05　作者序

06　Daisy Day 成立的故事

09　盛行歐美的 Scrapbook

Scrapbook 基本素材

12　色彩繽紛好幫手

14　拼貼的美麗秘密

15　常用的剪裁工具

Part 1. 手作卡片

18　繽紛花語水彩卡

20　自然風彩繪小卡

22　邱比特情人節小卡

26　粉紅花田手作卡

28　祕密花園手作卡

Part 2. 相片美編

32　Beautiful

34　Life Is Good

36　Adorable

38　旅行回憶檔案夾

Part 3. 手工書

42　玫瑰行事曆小書

46　心型木頭框小書

48　DEAR 相本小書

52　裙襬小書

56　Z 型雙開筆記本

60　小花長型行事曆手冊

Part 5. 造型收納盒

90　花朵記憶紙張收納盒

92　花紋抽屜小櫃

96　鏤空復古收納盒

100　格紋迷你木頭層架

102　甜美提包收納盒

106　雅緻收納盒

108　棉布玫瑰收納盒

110　緞帶相本盒子

112　典雅雙層布製收納盒

Part 4. 手工相本

66　田園風情雙格長型相本

68　牛奶罐相本

70　花朵提包相本

72　洋裝造型相本

74　布製玫瑰相本

76　花朵小屋相本

80　相框禮物書

84　布製手風琴相本

Part 6. 居家布置

116　彩繪玫瑰小抱枕

118　洋裝吊飾

122　創意木頭造型相框

124　娃娃掛布

126　浪漫之春相本╳書架

128　娃娃屋風格展示盒

130　小鳥造型吊飾

132　童趣和風名片夾

作者序

自接觸 Scrapbooking 以來，一開始，單純的只想在部落格與同好分享創作的過程，卻在不知不覺中，累積了近千件的作品。隨著作品變多，許多想學習的朋友，在文章搜尋上就更加不容易。雖然早在一年多前便有人提議：「何不集結成書？」我當時並無多想。

直至今年，感謝三友出版社的協助，才讓出版作品集有了進一步的發展。在多達近千件的作品中彙整出較易入門，且實用的 6 大類，加入美麗的實品圖及詳盡的步驟圖，讓此書除了實用的工具書外，也有了收藏的價值。本書架構於以下的重點：

1. 安全無毒、無酸的手作素材
2. 手作技巧
3. 勇於尋夢
4. 愛
5. 立刻動手吧！

出版此書前，我推廣 Scrapbooking 已有幾年的時間，藉著此書，我想告訴大家 Scrapbooking 的無限可能，什麼樣的風格皆是不設限的！希望此書能讓讀者了解 Scrapbooking 的不凡。

Vianne

Daisy Day 成立的故事

「從班機延誤的那一刻起，
展開 Scrapbook 小旅行——」

關於 Daisy Day，起源於 Kirin 與 Vianne 夫妻倆在一次汶萊旅程中的奇遇。就在離開的前一晚，兩人發現了一間店，雖已打烊，但典雅浪漫的作品，從櫥窗內向他們打著招呼，令人移不開目光。當時他們還對 Scrapbook 一無所知，只知道裡頭賣著許多美麗的東西。隔日起床，導遊宣布飛機延誤半天，無法忘懷那間店的夫妻倆，決定再去一探究竟。踏入店內，兩人深深沈浸在那樣的環境裡不可自拔。

用生命去愛—— *Scrapbooking*

回台後，Vianne 上網搜尋一番，發現竟是在國外盛行已久的手作產業——Scrapbooking，幾經努力，終於接洽到這間店的老闆娘。在她的邀請下，夫妻倆帶著滿滿期待與不安的心，決定前往汶萊學習手作文化。在老師的介紹下，他們驚豔於 Scrapbooking 的美麗，決心將 Scrapbooking 引進台灣。這樣的決定，也不禁被老師懷疑：「台灣人能否接受這樣的手作觀念和價值呢？你們會很辛苦哦！」然而 Vianne 告訴了 Kirin：「請你相信我，這是我熱愛的，我會用生命去愛的工作。」這一句話，深深地震撼了 Kirin，也更加堅定了兩人的決心。於是，擁

有十餘年美術經驗的 Vianne，加上財金科系畢業、有教育訓練及業務經
驗的 Kirin，決定挑戰自己的人生，也挑戰這項引進拼貼文化的任務。兩
人每天早上7點起床，不斷練習創作，直到晚上10點，國外公司上班後，
緊接著與廠商聯繫訂貨事宜，至凌晨4、5點才睡，如此的生活長達近
半年。

Daisy Day 從選店到開幕

店面的選定也是一大挑戰，當初兩人幾乎將台北找過了一遍：東區、民
生社區、天母、士林、公館、國父紀念館附近、內湖、石牌……。最後
無意間來到北投捷運站旁，或許是誠心感動了上天吧，就在 Vianne 看
著鐵門緊閉的店面時，剛好房東經過，約定隔日再細看店況，但在離開
不久，店面卻被一位小姐當場簽約租去了。繼續尋找店面的兩人，3個
月後決定了士東路上的一間，就在要簽約的前一晚，接到了北投房東的
來電，原來原先簽約的小姐即將離開台灣，詢問兩人還要不要來看看。
就這樣，經過許多波折，Daisy Day 終於坐落北投。

為呈現出美式風格，夫妻倆不斷商討、修改，
歷經3個月，店面的裝修終於完工。開幕後，
每天11點營業，至晚上10點打烊。但打烊
並不意謂著休息，因 Vianne 要到打烊後，才
有時間將創作分享到部落格。因此，真正離開
店內通常都是半夜1、2點；進貨時，更有離
開時凌晨6點，回家休息2、3小時再出門的
情形，這樣的模式將近1年，全年只休息3天，
直到某天，Vianne 的心臟抗議了，緊急送急診，
花了1個多月做檢查，確定是壓力所致。也因
此 Daisy Day 調整了腳步，讓兩人的生活多一
點喘息的時間。

生活中的風景，從 *Scrapbooking* 開始

說到定位，Daisy Day 希望能讓台灣的朋友了解到 Scrapbooking 的樂趣。隨著科技發達，現代人習慣使用相機、手機隨處拍攝，看過就好；跟幾十年前，將照片裱框在牆上，甚至保存在相本書的懷舊風氣完全不同。Scrapbooking 能讓大家完整的記錄、保存下每張照片背後的故事，人生當中擁有許多值得好好記錄的時刻，將它們沖洗出來，加以製作，充滿美麗色彩的頁面，與螢幕瀏覽的感覺截然不同。

由於希望所有人都能將 Scrapbooking 融入生活，會員課一堂僅需不高的素材費，就能學習到手作的技巧與架構，完成一件美麗的作品。也因此，Daisy Day 盡可能節省成本上的支出，回饋給喜愛手作的朋友。加上距北投捷運站步行只需 3 ～ 5 分鐘，交通上相當方便。另外，Daisy Day 也備有線上教學課程，所分享的作品已達近千件，即便在家也能動手做。若有興趣，大家也可朝著 Scrapbooking 的設計師之路邁進，Daisy Day 也會不斷支持各位的。

拼貼出美好 • *Daisy Day*

坐落於北投區的 Daisy Day，是全台第一間以 Scrapbooking 為主的概念店，特別從美國引進無酸、無毒的素材。Daisy Day 希望大家能用美麗的素材，將生活中發生的點點滴滴長久保存下來，讓人生不留白，日日都是美好的一天！

台北市北投區中正街 69 號 1 樓
(02) 2897-0017
週日至週五 *11：30 ～ 21：00*
週六 *11：30 ～ 18：30*
最新訊息 *http://www.facebook.com/DaisyDay.tw*
線上教學 *http://tw.myblog.yahoo.com/vianne661207*

盛行歐美的 *Scrapbook*

無酸素材，好玩又安心

Scrapbook 也許因為「無酸素材」的選用，在台灣並不常見。然而無毒、安全、環保的無酸素材，在歐美地區則相當普遍。也因為國外地區對無酸的堅持，製造過程中，紙張不經過「氯」的漂白程序，並去除木質素，在正常環境下，即便經過長時間，紙張也不會泛黃、褪色，有利於作品長期的保存。在台灣，多數紙張皆經過漂白程序，或木質素沒有完全去除，造成紙張提早酸化變質、褪色發黃；市售的黏貼工具如膠水、膠帶、口紅膠、貼紙等，多含有聚氯乙烯，容易造成接觸面變質褪色，進而影響作品保存的持久度。這就是 Daisy Day 堅持引進無酸素材的主因。

在國外，Scrapbook 也是廣義的手作名稱，更是歐美地區國人生活中不可缺少的元素。除了基本的卡片、相片美編、手工書外，也擴及居家布置、藝術品等，因此，Scrapbook 的相關產業製造商在美國達上千家的品牌，非常普遍。親友間大家聚在一起，聊聊天、剪貼創作，無形中增進了彼此的感情，更有共同完成一件事的美好感受，一舉數得。

Scrapbook
基本素材

無酸美術紙、紙卡、飾品、噴劑……
各式各樣實用又美麗的製作小幫手，
在動手玩 Scrapbook 之前，先來認識一下吧！

色彩繽紛
好幫手

壓克力塊 / Acrylic Block

上頭印有格線,多與水晶印章搭配
使用,其透明的特性,可清楚看見
印章的位置。

暈邊刷 / Inking Tool

海綿材質,前方的海綿部分可替換。
多配合水性印台使用,以暈邊刷沾
附水性印台,再於作品上暈邊。

無酸水性印台 / Ink

可使用於印章上,亦常使用於作品
的暈染及彩繪效果。

無酸油性印台 / Ink

油墨效果相當細緻,其細緻度讓印章
紋理能清楚的呈現。

無酸馬克筆 /*Marker*

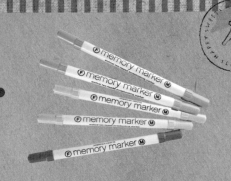

雙頭設計,分為細頭及略粗的筆頭,
可用於彩繪或書寫。

無酸亮膠 /*Stickle*

充滿許多亮片的輔助顏料,用以增
加作品表面的閃亮度。

無酸噴劑 /*Mist*

以噴霧方式為作品上顏料,色彩自
然,某些品牌噴劑中會添加細亮粉,
使其顯現珠光感。

無酸壓克力顏料 /*Acrylic Paint*

使用最易上手的顏料,具強覆蓋力、
防水效果。

拼貼的
美麗秘密

無酸飾品 /*Embellishments*

各式木頭、鐵製品、花朵等，種類多
達上萬種。

無酸美術紙 /*Patterned Paper*

基本之素材，製造過程中不經含化
學成分的漂白程序，且去除木質素，
在正常環境下可長期保存，不易變
質、發黃、硬化。依品牌不同，有
單雙面之分，尺寸主要有 12 吋、8
吋、6 吋、A4，適用於所有作品中。
無酸產品在國外已流行多年，除了
保存期更長，對人體也更具安全性。

無酸字母貼紙 /*Stiker*

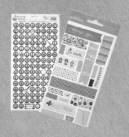

分為各式不同大小、顏色、厚度，多
附上背膠，使用上更方便。

緞帶 /*Ribbon*

進口緞帶，使用在作品上可呈現更
具層次的美麗效果。

常用的剪裁工具

尺 / *Ruler*

測量長度、畫線時使用。

剪刀 / *Scissor*

用以剪裁紙張、紙板、布、緞帶等。

多功能打洞器 / *Hole Punch*

可打穿紙板及薄鐵片，有 2 種尺寸的圓洞，前頭為可替換的設計，亦用於釦眼的固定。

修圓角器 / *Corner Punch*

分為 1/2 吋及 1/4 吋，可將直角快速修剪成有弧度的邊角。

造型打洞器 / *Punch*

有多種造型，可快速剪出喜愛的形狀。

Part 1
手作卡片

能夠讓人發揮創意的手作卡片，常因節日主題、拼貼風格、素材運用，
或是版面配置的不同，而呈現不同的面貌。
不設限的格式尺寸，也讓卡片的變化更加多采多姿。

在專屬於你的日子裡，
讓我獻上自己的心意：
朵朵小花、幾句對你說的話……
親手做一張卡片，送給特別的你。

綻放，是一朵花最迷人的時刻。

用拼貼，將這樣的美麗時刻保存下來，

傳達給親愛的你。

繽紛花語
水彩卡

材料：
無酸水彩紙、紙花飾品、蕾絲
工具：
印章、壓克力塊、無酸油性印台、無酸水彩顏料、
水彩筆、調色盤、無酸膠水、剪刀

① 備妥印章、印台和壓克力塊

② 準備 5 × 3 吋水彩紙，使用印章搭配不同顏色的印台，在卡片上印出圖案

③ 用水彩筆渲染上色

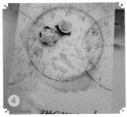

④ 依喜好貼上紙花裝飾，增添立體感

⑤ 用水彩將花朵暈染一下，加上蕾絲裝飾後即完成

Tips
• 這裡使用的印章，有別於木頭印章的使用方式，需搭配壓克力塊使用，可
  重覆黏貼在壓克力塊上，方便收納。

自然風 彩繪小卡

材料：
無酸水彩紙、緞帶、紙花飾品
工具：
壓克力塊、印章、無酸水彩顏料、水彩筆、無酸印章筆、剪刀

① 使用印章筆，在想要印出的文字印章上塗抹顏料

② 在水彩紙上，將文字印章分段蓋出想要的顏色

③ 備妥印章、印台和壓克力塊，在水彩紙上印出澆花器圖案

④ 用水彩在水彩紙上加以暈染，再為澆花器上色

⑤ 在卡片上黏貼緞帶和紙花飾品，即完成

Tips
· 印章筆（Big Brush），墨水多，色彩多樣，可直接塗刷於印章上，使印紋變化更豐富。
· 隨呈現效果的不同，使用不同的印台與繪筆，是很重要的。

生活中總有難過的時候，

來，擦乾眼淚吧！

讓這盆生機盎然的小花植栽，

安撫不平靜的心。

Every day is a fresh beginning

希臘羅馬神話中，
若被愛神邱比特的金箭射中，
就會心生愛情……

邱比特
情人節小卡

材料：
無酸美術紙、無酸仿金屬紙、無酸色卡、蕾絲
工具：
無酸水性印台、無酸油性印台、壓克力塊、暈邊刷、印章、無
酸亮膠、無酸膠水、剪刀

① 先將美術紙裁成 5.5 × 8 吋大小

② 對摺後修圓角，再用暈邊刷沾水性印台暈邊，建議可暈咖啡色

③ 將淺灰色卡裁成 3.5 × 5 吋大小，暈上淺灰色邊

④ 用不同的印台色，蓋出文字背景和印章圖案

⑤ 使用仿金屬質感的美術紙和壓凸型版加壓，做出壓凸的圖紋

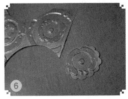

⑥ 完成後用花邊剪刀剪下

⑦ 將灰色卡黏貼到美術紙上，選較鮮艷的印台色蓋上主題印章，以亮膠點綴

⑧ 底部黏貼蕾絲做裝飾

⑨ 將小天使印章另外印在紙卡上，剪下暈邊後黏貼到卡片上，即完成

淡淡粉粉的花色，

洋溢著春日的氣息。

喝杯下午茶，

親手將它送給你，

品嘗這段屬於彼此的美好時光。

粉紅花田手作卡

材料：
無酸格紋紙、印章專用紙、無酸色卡、緞帶

工具：
無酸油性印台、無酸珠光水性噴劑、壓克力塊、印章、熱風槍、無酸馬克筆、無酸膠水、無酸立體泡棉

1 備妥需用到的花朵印章

2 在印章專用紙上，用油性印台將花朵圖案印上

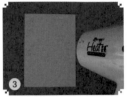

3 用熱風槍將墨水吹乾

4 噴上噴劑，花朵圖案即會淺淺浮現。這邊選用粉紅色帶珠光亮粉的水性噴劑

5 待噴劑乾了，使用馬克筆將花朵圖案上色，再印上樹葉圖案

6 繫上緞帶，與格紋紙一起黏貼到底卡上

7 備妥需用到的文字印章，將喜愛的字句印到色卡上

8 黏貼上字卡與小花，即完成。可用立體泡棉黏貼在字卡後，更有層次感。

Tips
・熱風槍在使用時，溫度高達100℃以上，需小心避免燙傷。

秘密花園
手作卡

材料：
無酸美術紙、印章專用紙、無酸色卡、絲質緞帶、雙腳釘

工具：
無酸油性印台、印章、無酸水性馬克筆、無酸膠水、剪刀、縫紙張專用針

1

使用油性印台與印章在印章專用紙上蓋出圖案

2

使用水性馬克筆上色

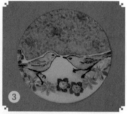

3

沿著小鳥圖案的下圍剪出輪廓，黏貼到圓形碎花美術紙上

4

加上文字與白色底卡，再黏貼到淺藍色色卡上

縫緞帶處

5

使用縫紙張專用針，在色卡上縫上緞帶

6

加上小花造型的雙腳釘，即完成

Tips

· 馬克筆有雙頭，可依喜好選用。

· 縫紙張專用針較一般針粗，針孔也較大，使用上更方便。

聆聽清脆的鳥鳴，
總能讓我心情放鬆不少。
無法徜徉大自然的時候，
看看卡片上的可愛鳥兒也不錯。

Part 2
相片美編

相片美編，是了解 Scrapbook 最直接的入門作品。
將相片搭配手作素材做編排，以無酸色卡搭配無酸美術紙為底，
加上飾品與貼紙配件，即可完成一件美麗的作品。

家人、旅行、朋友、寵物……
一張張的相片，都是生活中的美好點滴。
除了放入相本中，還有什麼收藏好點子？
將相片貼裱在美術紙和色卡上，
搭配手作素材、飾品與貼紙配件，
就是一件件美麗又有紀念性的作品囉！

Beautiful

材料：
無酸美術紙、木製飾品、無酸色卡、無酸立體泡棉、造型花朵
工具：
暈邊刷、無酸亮膠、無酸細字簽字筆、無酸膠水、剪刀

① 準備數張 12 × 12 吋雙面皆有圖案的美術紙

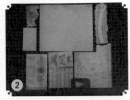

② 將其中 1 張美術紙依圖案分割

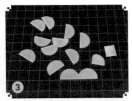

③ 製作玫瑰花。將剩下的花邊剪成瓣狀，約 12 瓣，其中 2 瓣相連

④ 將相連的 2 瓣黏起，略為凹摺

⑤ 接著取其中 1 瓣凹折

⑥ 順著外圍黏貼

⑦ 將碎紙捲起，放入花朵中心作花蕊，即成玫瑰花

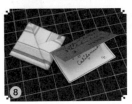

⑧ 用色卡製作 2 × 2 吋的小卡，在裡頭寫上短句或相片的說明

⑨ 將準備好的素材拼貼在美術紙上，黏上相片，剪出葉子隨意黏貼，以簽字筆寫上標題 Beautiful，再以無酸亮膠點綴，即完成

Tips
· 製作過程中可使用暈邊刷與印台在美術紙上加以暈邊裝飾。

美術紙裁剪製成的手作花，
一瓣一瓣，
黏貼出甜美又復古的韻味，
畫面氛圍更加分。

美術紙＋壓克力顏料印染，作出復古感，也是相編中常用的點綴方式。

Life Is Good

材料：
無酸美術紙、緞帶、無酸字母貼紙、無酸皺
紋紙、無酸字母貼紙
工具：
無酸水性印台、暈邊刷、無酸壓克力顏料、
無酸細字簽字筆、無酸膠水、鉛筆、剪刀、
無酸珠光顏料

①

將皺紋紙修剪成圓形，再
以鉛筆描出線條後裁剪出
漩渦狀

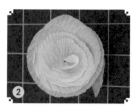

②

先將尾部上膠水後，立起
紙張依漩窩由內而外黏貼
底部，花朵就成形了

③

準備 2 張雙面皆有圖案的
美術紙，皆為 12 × 12
吋

④

在美術紙上畫上愛心剪
下，用暈邊刷在周圍刷上
白色壓克力顏料，做出復
古感

⑤

在作為底紙的美術紙上黏
貼字母貼紙與美術紙圖案

⑥

裝飾上花朵

⑦

以簽字筆在美術紙上寫下
文字後剪下，紙張周圍可
用紅色壓克力顏料刷色

⑧

將照片周圍刷上紅色壓克
力顏料，黏貼到美術紙張
上剪下，在邊緣處暈色

⑨

花朵邊緣刷上少許珠光顏
料點綴，即完成

相片捕捉了剎那，
剎那的組合，
串成了一個個小故事。
將它們一格格框起，
做成專屬自己的紀念。

Adorable

材料：
無酸美術紙、無酸紙板、無酸字母貼紙、棉繩、珠針、緞帶
工具：
暈邊刷、無酸水性印台、無酸壓克力顏料、無酸亮膠、小刀、花邊剪刀、剪刀、無酸細字簽字筆、無酸膠水

① 備齊要使用的無酸紙板與無酸美術紙

② 在美術紙上割出方框，即為相片露出的地方

③ 在紙板上畫出與方框相對應的格子

④ 使用美工刀將紙板的格子割下後，在邊緣刷上白色壓克力顏料

⑤ 將美術紙分別黏貼到紙板正反面框

⑥ 將剩餘的美術紙圖案剪下做布置

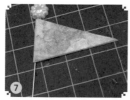

⑦ 剪下 2 個三角形，相對黏貼在珠針上，即成小旗幟

⑧ 用花邊剪刀剪下紙張，用暈邊刷與印台暈上邊色

⑨ 拼貼美術紙圖案做出層次感，並將飾品及照片拼貼至紙板上，即完成

旅行回憶檔案夾

材料：
無酸美術紙、無酸貼紙、無酸字母貼紙、緞帶、無酸轉印貼紙、無酸紙膠帶、半成品造型紙相框、螢光無酸膠帶、無酸標題書籤、小手冊

工具：
暈邊刷、無酸水性印台、無酸細字簽字筆、無酸膠水、剪刀

① 備妥半成品造型紙相框與轉印貼紙

② 在相框上轉印喜愛的文字

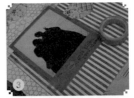

③ 將相框黏貼到美術紙上，用螢光無酸膠帶裝飾在相框周圍

④ 將小手冊加上側邊裝飾，感覺更活潑

⑤ 小手冊封面加上文字與膠帶裝飾

⑥ 將旅遊時拿的簡介資訊剪下貼入小手冊內，側邊用膠帶貼出索引

⑦ 在美術紙上黏貼格子緞帶；繞過小手冊背部也貼上相同的緞帶，將小手冊貼上後，將緞帶繫起

⑧ 版面上黏貼字母貼紙點綴

⑨ 貼上照片與標題書籤，用簽字筆寫上文字，即完成

Tips

‧使用轉印貼紙製作前，可將欲轉印的部分剪下再進行，才不會壓印到別的圖案。
‧過程中可依喜好使用暈邊刷與印台暈邊裝飾。

旅程中蒐集的簡介資訊，

怎麼整理最方便？

善用小手冊，

分門別類排好隊……

貼上沿途拍攝的相片，

重溫旅行的回憶吧！

Part 3
手工書

可創作出專屬個人風格，
好攜帶、記錄生活的「手工書」，為 Scrapbook 的延伸，
繽紛多變化的書封及內頁，讓許多手作愛好者深深著迷。

無論與好友相約喝咖啡、看電影，
或是獨自一人散散步……
背包裡，我總愛帶上一本自己做的手工書。
翻一翻，畫上一個微笑，
隨手記錄生活中的片刻美好， C'est moi！

忙碌的日日生活之餘，
不妨從今天起，
為自己創造出獨一無二的美麗。

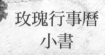

玫瑰行事曆
小書

CALENDAR

材料：
棉布、米白布料、造型鈕釦、棉線、緞帶、蕾絲、網紗、亮珠、細線
工具：
針、無酸馬克筆、無酸噴劑、型版、印章、壓克力塊、無酸 Stain 染劑、
無酸壓克力顏料、無酸膠水

① 備妥 10 片棉布及棉線。
可將布邊縫上棉線，增加
造型

② 這邊縫了其中 4 片

③ 其餘 6 片棉布，使用馬
克筆畫出花邊，再依線條
修剪出造型

④ 將純白的棉布搭配型版，
噴上喜愛的色彩；或用噴
劑上色，蓋上印章

⑤ 在米白布料上用行事曆印
章蓋出 12 個月份

⑥ 裁下月份邊緣多餘的布
料，用 Stain 刷上色彩

⑦ 再蓋上月份印章

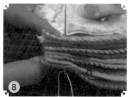

⑧ 將準備好的行事曆和月份
布塊拼貼至棉布後，開始
串縫成冊。將棉布靠齊左
側，用細針將線從底部串
至封面

⑨ 釦子刷上壓克力顏料，縫
製在小書側邊。封面用緞
帶、蕾絲、亮珠等加以裝
飾，即完成。

Tips
· 型版搭配噴漆使用，可遮蔽噴劑而製作出美麗的圖形
· Stain 為無酸的水性染劑，瓶身有海綿刷頭，可直接使用於紙張、布料緞帶、木
  頭等等。復古色系可增添作品的層次感。

心型木頭框
小書

典雅的心型木框內，
收藏著一則則自己的小秘密。

材料：
無酸美術紙、無酸紙板、緞帶、造型木框、蕾絲
工具：
輔助摺線板、量邊刷、無酸水性印台、無酸亮膠、無酸簽字筆、無酸膠水、剪刀

備妥書封用的美術紙與紙板，將美術紙裁切成 6×12 吋

在美術紙背面四邊向內 0.5 吋處畫出線條，紙板分別靠齊左右線條黏貼

將美術紙的四角向內摺起黏貼，再包覆四邊

四邊包覆後如圖

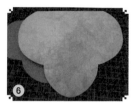

裁切美術紙成 $10\frac{7}{8}$×$4\frac{7}{8}$ 吋，用量邊刷與印台量上邊色後，貼至書封內裡

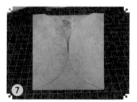

使用型版（可依照欲製作內頁大小繪製型版），在美術紙上描出輪廓後剪下

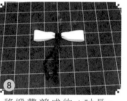

將左右下往中心黏合，即成袋子

將緞帶剪成約 4 吋長，二端在中間黏成圈狀，再綁上絲質黑色細緞帶，即成緞帶結

共製作 8 個袋子

在書脊左右兩側靠近紙板的地方分別割出 3 個 1 吋長的細洞孔，袋子的左側也是；將緞帶前端貼上膠帶後一一穿過洞孔，在書脊處打蝴蝶結，即穿裝成冊

利用製作袋子剩餘的美術紙，加上剪裁成 $4\frac{3}{8}$×$3\frac{3}{8}$ 吋，量上邊色後黏貼到封面

加上蕾絲及愛心木框、小花等其餘素材，再以亮膠點綴，即完成

Tips

· 穿裝成冊時，在緞帶前端貼上膠帶，是為方便緞帶穿過孔洞，穿裝完成後即可將膠帶撕去。

做一本滿滿手感的書，
送給親愛的你。
每翻一頁，
內心又多溫暖了一些。

DEAR
相本小書

材料：
無酸美術紙、無酸紙板、蕾絲、緞帶、造型木片、棉紗、棉布
工具：
輔助摺線棒、量邊刷、無酸水性印台、加熱工作棒、無酸壓克力顏料、無酸
Stain 染劑、印章、壓克力塊、無酸油性印台、無酸膠水、剪刀

準備好 6 片紙板，將一側的 2 角修成圓弧狀

取其中 4 片紙板側邊刷上壓克力顏料，此為內頁紙版

使用量邊刷與綠色系水性印台，將棉紗染色

將棉紗前貼在其餘 2 片紙板上，作為書封紙板

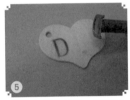

製作木頭小招牌，使用加熱工作棒在木片上烙印文字，邊緣處做出效果

將美術紙裁成 5.5 × 8 吋 5 張，取其中 2 張與棉布塊，製作口袋。

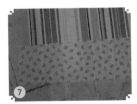

棉布塊長邊的一側可先下折約 0.25 吋黏起，防止鬚邊，將棉布塊包在美術紙下緣，正面將美術紙對摺抓出中線，在棉布塊中心處塗膠水，即成 2 個口袋

將第 1 張美術紙左側黏貼在書封紙板內裡，右側則黏貼至下一片紙板上，將第 2 張美術紙張的左側黏貼至下一片紙板的另一面，重覆步驟即可將小書串起

花邊帆布塊用油性印台蓋上印章，量上印台色後，置中黏貼到紙板書脊上，用其餘素材布置封面，即完成

Tips
· 棉紗染色時亦可使用 Stain 水性染劑或噴劑。
· 加熱工作棒的溫度非常高，使用時要注意安全。
· 製作口袋時，若手邊有縫紉機，也可以用縫的。

秋天到了，
看著裙襬在風中飛舞，
腳下的落葉唱著悅耳的旋律。
那麼，也為小書染上一抹自己最愛的秋意吧！

裙襴小書

材料：
無酸美術紙、無酸紙板、蕾絲、緞帶、印章海綿、絲質膠帶、金屬飾品、無酸色卡、細線、
雙腳釘、金屬線、亮珠
工具：
暈邊刷、無酸水性印台、無酸噴劑、無酸 Stain 染劑、無酸油性印台、無酸膠水、小刀

① 製作海綿印章，在海綿上畫出楓葉圖案

② 將楓葉圖案剪下後浸到水裡，待海綿瞬間膨脹後甩乾，即可當作印章使用

③ 依喜好搭配水性或油性印台使用

④ 備妥 5 片紙板與絲質膠帶，用絲質膠帶將紙板間黏合

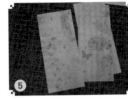

⑤ 將美術紙張裁成 3.5 × 8 吋大小

⑥ 避開紙板間的摺痕，用美術紙將紙板包覆起來

⑦ 製作小卡。美術紙裁成 3.5 × 2 吋，刷壓克力顏料，再用白色壓克力顏料蓋上楓葉印章，黏貼到包覆好的紙板上

⑧ 準備緞帶，利用噴劑將緞帶上色，也可使用 Stain 補色

⑨ 取一頭緞帶別上雙腳釘，黏貼到封面上，再將金屬飾品貼至封面，用金屬線別上亮珠，即完成

Tips
· 製作小卡時，若只黏貼小卡的右、下、左三側，即成口袋。

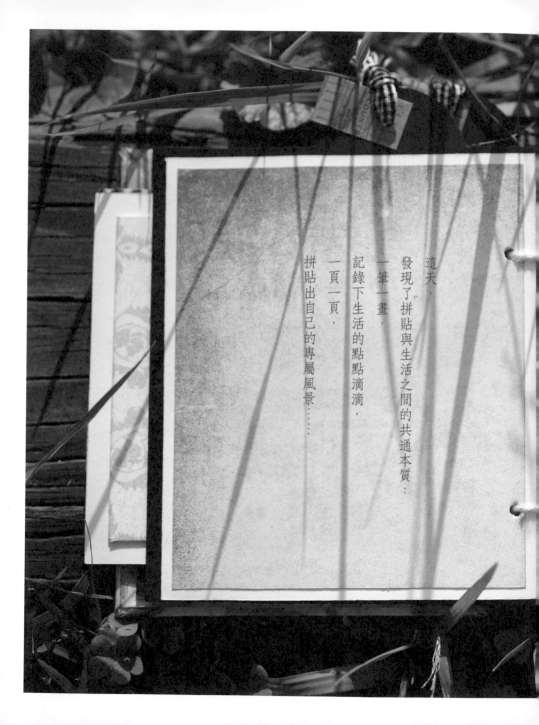

這天，

發現了拼貼與生活之間的共通本質：

一筆一畫，

記錄下生活的點點滴滴，

一頁一頁，

拼貼出自己的專屬風景……

Z 型雙開
筆記本

材料：
無酸美術紙、無酸紙板、棉線、緞帶、鉚釘、無酸色卡、無酸仿皮革紙
工具：
暈邊刷、無酸水性印台、無酸珠光噴劑、無酸壓克力顏料、無酸油性印台、
印章、壓克力塊、無酸膠水、圓形打孔器、無酸水彩顏料、水彩筆

① 仿皮革紙用壓克力顏料上色，等顏料乾後，噴上紅色珠光噴劑

② 將美術紙裁切成 5 × 6 吋大小

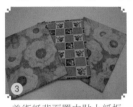

③ 美術紙背面置中貼上紙板後，將邊角和四邊貼起，貼上裁成 3.75 × 4.75 吋的美術紙，將紙板完整包覆。共製作 3 塊

④ 將上完色的仿皮革紙略為凹摺

⑤ 仿皮革紙一側黏貼約 0.5 吋在第一塊紙板上，再黏貼另一側 0.5 吋在第二塊紙板上；第二與第三塊紙板重複黏合仿皮革紙動作

⑥ 製作內頁分隔用的書卡。使用印章與油性印台在色卡上蓋出圖案，再用水彩上色

⑦ 製作書卡袋。將剩餘的美術紙裁切成 4 × 6 吋大小，上方裁出半圓或喜愛的造型，將其餘三邊黏貼成袋，共製作 3 個

⑧ 將內頁分成 4 等份，與分隔的書卡紙板疊起放好。每疊在同樣位置打出 2 孔，仿皮革紙在相同位置上也打出 2 孔，用 2 條棉線分別穿過內頁上下孔串起，再穿過仿皮革紙

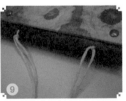

⑨ 穿過仿皮革紙後打上雙結固定，封面處依喜好加以妝點，即完成

Tips
・製作書卡袋時，也可以變化不同型式的袋子搭配。

對於隨身小物，
我總有莫名的堅持：
美麗、實用、有個性。
當然，好女孩必備的行事曆也不例外囉！

小花長型
行事曆手冊

材料：
行事曆紙、棉布、花布、無酸美術紙、造型貼飾、無酸紙板、彈性緞帶
工具：
輔助摺線板、造型打洞器、無酸膠水、小刀

1. 先製作內頁。將行事曆紙張加以分割

2. 準備2張12吋美術紙，每2.75吋一摺，可分4頁。2張紙的一側均預留0.5～1吋當作黏合處

3. 將2張美術紙黏合

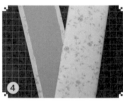

4. 製作封面。準備2塊紙板，分別貼上2層棉布塊後，最外層包覆上花布

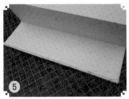

5. 將摺好的內頁與封面黏合

6. 將分割好的行事曆分別黏貼在每一頁

7. 使用打洞器製作出不同造型的頁籤貼上

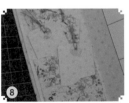

8. 可用美術紙製作口袋與小卡片，內容更豐富

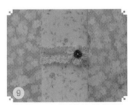

9. 剪裁一小段彈性緞帶縫合，當作綁帶，加上造型花朵與裝飾，即完成

Tips
製作頁籤時，手邊若無打洞器，也可用剪刀剪裁喜愛的形狀。

Part 4
手工相本

厭倦了一成不變的相本嗎？
透過 Scrapbook 的素材，使用各種不同造型的紙板或紙張，
加上飾品點綴，手工串裝，可製作出各式主題相本。
專屬的個人風格，讓回憶更加獨一無二。

還是小女孩的時候，
最喜歡翻閱櫃中一冊冊的相本，
再指著一張張的相片撒嬌，
要爸爸媽媽說故事給我聽。

手作相本的當下，
這些兒時的回憶歷歷在目，
讓我用拼貼，
將相片整理成一個又一個的故事。

纖維紙獨有的粗獷質感，
加上浪漫細膩的玫瑰，
創造出甜美雅致的田園風情……

材料：
無酸美術紙12 × 9吋、無酸紙板、緞帶、金屬釦環、纖維紙、透明片、棉線、
金屬護角飾品、造型貼珠、造型花朵
工具：
無酸膠水、輔助摺線板、打洞器、針、無酸亮膠、小刀

① 先做相片袋。將美術紙翻至背面，橫向從左到右在0.5、5.5、6、6.5、11.5吋處壓出摺痕，縱向在4.5、8.5吋處壓出摺痕

② 將右側及左下沿摺痕裁切掉

③ 左右割出約 3 × 3.5 吋的窗口，即為相片露出的地方

④ 將印有圖案的透明片由內側黏貼在窗口處

⑤ 將美術紙翻至正面，中間摺痕處用針戳出洞孔，縫上棉線，防止照片下滑；亦可使用黏貼方式

⑥ 將側邊與底部黏貼封口，相片袋即完成

⑦ 完成的相片袋如圖

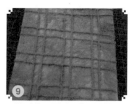

⑧ 接著製作書封，先做書封內側。將紙板裁切成5.75 × 8.75吋大小，將紙板置中黏貼到纖維紙上，四周包覆起來

⑨ 翻面後再貼上手工纖維紙

⑩ 在邊角夾入金屬護角飾品，貼上喜愛的書卡或主題文字，裝飾貼珠與花朵

⑪ 紙板與相片袋穿插排列，與封面一起打洞，用金屬釦環串成冊，即完成

Tips
· 相片袋的數量可視欲放入的相片數量而定。
· 步驟4中黏貼壓克力片時，須由內處黏貼，避免貼痕外露。

牛奶罐相本

材料：
無酸美術紙、無酸造型紙板、緞帶、透明片、亮粉、無酸飾品

工具：
暈邊刷、無酸水性印台、無酸壓克力顏料、無酸水性珠光蠟筆、無酸膠水、無酸水性色鉛筆、水彩筆

① 將牛奶罐造型紙板塗上白色壓克力顏料，第一片裁出鏤空的愛心造型

② 用珠光蠟筆在紙板上畫出痕跡，再用水彩筆暈染開，就會產生珠光色澤

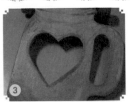

③ 用同色系水性色鉛筆補色，再用較深色局部加深，描繪出罐子的輪廓

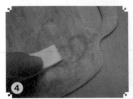

④ 用暈邊刷暈染，將顏料推展開來

⑤ 以相同的方式畫了另外3片紙板

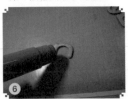

⑥ 將字母紙板簡單上色，以水性珠光蠟筆塗上綠色，用手指加以推勻即可

⑦ 將塗色完成的字母貼上，將其餘飾品素材拼貼上；另外3片紙板也加以拼貼後，在每片紙板背面黏貼上美術紙，將緞帶繫上牛奶罐的把手處，即完成

Tips

· 每片牛奶罐紙板可依喜好拼貼上不同素材與相片，形式活潑不拘。

· 牛奶罐背面黏貼的美術紙，可在剪裁後加以暈邊裝飾。

樸拙可愛的牛奶罐，
是我私下的蒐藏之一。
就用這樣的特別造型，
為相片們做個家。

花朵與提包，
都是女孩兒美麗的點綴。
而別緻的花朵提包相本，
則一一收藏著生活綻放的美好瞬間。

花朵提包相本

材料：
無酸美術紙、無酸紙板、緞帶、無酸仿皮革紙、無酸紙卡、造型釦、無酸貼珠、無酸轉印貼紙、雙腳釘

工具：
暈邊刷、無酸水性印台、無酸壓克力顏料、打洞器、無酸膠水、波浪剪刀、剪刀

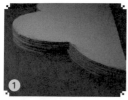

1. 紙板上畫出6片相同的花朵造型後剪下，在側邊塗上壓克力顏料後刮邊

2. 將花朵紙板包覆上喜愛的美術紙

3. 白色紙卡轉印上轉印貼紙後，用打洞器打出小圓；亦可直接在美術紙上打出小圓

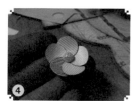

4. 將小圓紙卡用水性印台與暈邊刷暈邊後拼貼，加上貼珠，即成小花

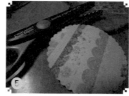

5. 用波浪造型剪刀剪下美術紙成花朵狀，加以暈邊

6. 黏上相片，就成了一朵相片花。將相片花黏貼在內頁紙板上

7. 剪下一小段仿皮革紙

8. 皮革紙上塗抹壓克力顏料，暈邊，裝上造型釦，即成小皮帶

9. 以雙腳釘將緞帶固定在書封，即成提把；再將小皮帶繫上提把，即完成

Tips
· 相本的組裝可視喜好使用線圈、釦環或緞帶，型式不拘。

洋裝造型相本

材料：
無酸美術紙、無酸造型紙板、緞帶、造型釦、無酸貼珠、無酸轉印貼紙

工具：
暈邊刷、無酸水性印台、無酸壓克力顏料、打洞器、無酸膠水、摺線輔助板、剪刀

① 紙板上塗抹米白色壓克力顏料，將小愛心拆下

② 將美術紙依洋裝形狀剪裁，黏貼至紙板上

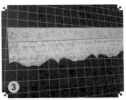

③ 另取 1 張美術紙，依紙張圖案剪下

④ 使用摺線輔助板壓出摺痕，再依摺痕加以折成裙子的形狀

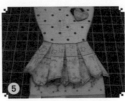

⑤ 將洋裝、裙子拼貼至紙板上，加領巾裝飾

⑥ 紙板上用轉印貼紙轉印出圖樣後，剪出小圓暈邊，當作項鍊

⑦ 使用打洞器剪下 1 張四方造型的紙片

⑧ 在 4 個角各剪一刀

⑨ 向內摺如圖，中心處加上造型釦黏合，即成風車。用緞帶或釦環將相本串成冊，即完成

Tips
· 可多做幾套花色、款式不同的洋裝串裝成冊，相本更豐富。
· 洋裝的邊緣可依喜好加以暈上邊色。

女孩衣櫃裡總少不了的洋裝，
就讓我們親手裁製一套，送給自己吧！

盛放的華麗紅玫瑰，
妝點上看似衝突的木飾與蕾絲，
卻意外奏出這樣優雅的圓舞曲……

布製玫瑰相本

材料：
無酸紙板、無酸相片套 4 × 6 吋 10 張、花布、棉布、蕾絲、造型木飾、鈕釦、緞帶、線、釦眼
工具：
針、無酸膠水、裝釘釦眼器、剪刀

① 準備 2 片紙板，約 5 × 8 吋。在 2 片紙板中間鋪上棉布，再包覆造型花布，四邊黏起，縫上木釦

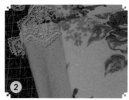

② 在書背處上下黏貼蕾絲

③ 在書背處的棉布上釘出 4 個釦眼

④ 再用緞帶將相片套串起，並穿過書背

緞帶串起相片套後繫成蝴蝶結

⑤ 緞帶在相本內繫成蝴蝶結

⑥ 在封面處繫上裝飾用緞帶，掛上木頭飾品

彈性緞帶

⑦ 封底處縫上彈性緞帶後，將鈕釦釦上，即完成

Tips
· 繫上鈕釦的緞帶以有彈性者較佳，使用縫線較膠水黏貼牢固。

用花朵建造的小小房屋，
裡頭保存著屬於彼此的快樂回憶。

花朵小屋
相本

材料：
無酸造型紙板、無酸美術紙、緞帶、雙腳釘、棉布、造型飾品
工具：
無酸壓克力顏料、無酸膠水、暈邊刷、無酸水性印台、小刀、印章、壓克力塊、壓凹板、剪刀

先製作內頁，美術紙對切成 6 × 12 吋 2 張，接著從左至右每 2.5 吋壓出一凹痕，由下至上壓出 1.25 吋寬的凹痕

將下緣凹痕摺起，再將其餘凹痕摺疊

在上方畫出三角形，修剪後即成房子造型。另一張美術紙作法相同

因每 2.5 吋寬為一面，會有一面為 2 吋，在 2 吋的那面畫出上下約 0.5 吋的長條，再剪去多餘部分

另一張美術紙在與長條相對應的摺痕處畫出痕跡，用刀片割口

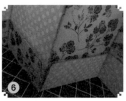

將兩張美術紙的長條與割口相接，即可串連

製作封面，將美術紙剪裁成房屋造型紙板大小後貼上，並與內頁兩邊黏起

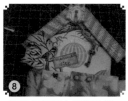

將棉布用膠水對摺黏起，用雙腳釘釘在皺摺後黏到封面上，加上飾品點綴

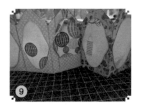

裁剪美術紙或紙卡分別黏貼在內頁，即完成

Tips

· 美術紙邊緣可依喜好，用暈邊刷與印台或壓克力顏料加以暈邊。

· 封面上的樹枝為印章圖案，讀者可依喜好使用不同的印章加以變化。

用相框，框住屬於我們的美好時光。

將這份心意，親手送給你……

相框禮物書

材料：
無酸美術紙 A（7.75 × 7.75 吋）2 張，B（18 × 7 吋）
1 張，C（5.75 × 5.75 吋）2 張，D（5 × 5.75 吋）
1 張、無酸紙板、造型金屬飾品、緞帶、含鐵絲緞帶、
造型釘釦、紙膠帶
工具：
摺線輔助棒、3D 水晶膠、無酸膠水、無酸水性印台、
暈邊刷、小刀、尺、摺紙棒

① 先在紙板的上面裁切出5.75×5.75吋相框，可依照自己喜好裁切尺寸；同時在紙板上依邊緣長度裁切出2短1長的紙條

② 在相框背面將紙條黏貼上，較長的紙條黏貼在相框下緣，另2條紙條黏貼在左右兩側

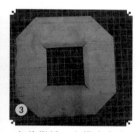

③ 在美術紙 A 上描出中空框的位置，畫出交叉線，用刀片割開，再將紙板移開，美術紙裁剪如圖

④ 將紙板黏貼上美術紙 A，即可包覆紙張。先從中心處開始，再將外側也包覆好，共製作 2 個相框

⑤ 接著準備好禮物書要用到的書封紙板造型

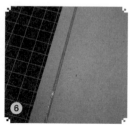

⑥ 紙板與紙板間利用紙膠帶，前後繞紙板一圈黏貼固定

⑦

以紙膠帶固定後如圖

⑧

在美術紙 B 背面描出紙
板輪廓，左側距圓弧造型
約 0.5 吋處切出 1.5 寸長
的切口，右側距線條3.75
吋處同樣切出切口

⑨

左右兩側切口皆穿過一小
段緞帶黏貼固定

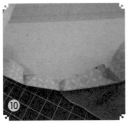

⑩

將紙板包覆起來，在摺痕
處剪出切口，黏貼如圖

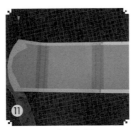

⑪

完成包覆後的書封

⑫

將美術紙 D 修出和封面
左側相同的弧度，貼在
封面紙板內側；再將另 2
張美術紙 C 分別黏貼上紙
板，再貼上相框

⑬

在書本底部黏貼蕾絲。蕾
絲從書裡到外，黏貼繞過
整個書封；封面處貼上字
卡，塗上 3D 水晶膠做出
果凍感，黏上造型釘扣，
將緞帶繫起，即完成

Tips

· 摺紙棒（Bone Folder），為工藝中常用的摺
  紙工具。步驟 4 中包覆紙張的過程中即可使
  用，較易使力。

· 3D 水晶膠（Glossy Accents），為一種透明
  具有果凍質感的膠，可製作局部的特殊質感。

拉開這本摺疊的相冊，

彷彿成為手風琴家，

彈奏一曲名為回憶的美妙樂章。

布製手風琴
相本

材料：
棉布、布、無酸美術紙、無酸造型貼飾、無酸紙板、無酸纖維紙、緞帶
工具：
打孔器、無酸膠水、戳針、針、線、工作軟墊、無酸口紅膠、剪刀

① 將素色美術紙與花色美術紙裁切成 4 × 6 吋大小，素色紙張開出 2.25 × 3.5 吋窗口，花色美術紙張開出 2.75 × 4 吋窗口

② 在素色紙的窗口旁畫出等距的洞孔

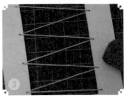

③ 用棉線縫上線條樣式後，將多餘的洞孔記號擦去

④ 準備 4 × 6 吋的美術紙，中間黏貼上 2.75 × 4 吋紙張，再把縫好的紙貼上。共製作 6 組

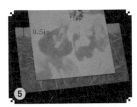

⑤ 將另一張美術紙裁成 4 × 6 吋，並將纖維紙橫向從上往下摺兩摺呈 0.5 吋寬，將美術紙如圖擺放

⑥ 用口紅膠將纖維紙包覆在紙張背面，正面即成口袋。共製作 6 組，貼在步驟 4 背面

⑦ 製作封面。在紙板開出窗口，再用布塊加以包覆

⑧ 在封面上黏貼網紗後加上針織緞帶，可於開口處加上主題字卡

⑨ 在紙張側邊分別打出 2 洞孔，用緞帶繫起，即成內頁紙張列

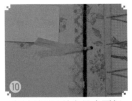

⑩ 在紙張列最前與最末頁打出 3 孔，繫上緞帶後，分別黏貼到前後書封紙板上，後再將美術紙裁成合適大小黏貼到書封內側，將布塊貼痕蓋住，即完成

Part 5
造型收納盒

我們手邊多少都有些不知如何收納的心愛小物，
不妨動手，為它們打造一個家吧！
活用 Scrapbook 的拼貼概念，將簡單的紙板素材裁切成適當的大小，
塗抹顏料，再隨自己的喜好裝飾。
甜美中帶個性的造型收納盒，實用又美觀。

舊郵票、鑰匙圈、明信片、手帳本……
一個個心愛的小物，
怎麼收藏才合適？
就為它們親手打造一個家吧，
專為小物量身訂作的造型收納盒，
有效收納的同時，
也能成為自己收藏品的一部分喔！

珍珠紙、皮革紙、皺紋紙……

熱愛手作的我們，

身邊總會餘下形形色色的小紙片，

丟棄了又可惜。

那就為它們製作一個合適的家吧！

花朵記憶
紙張收納盒

材料：
半成品紙盒、無酸美術紙、無酸紙板、無酸造型紙板、緞帶、毛線
工具：
無酸壓克力顏料、無酸膠水、鉤針、暈邊刷、無酸水性印台、小刀、尺

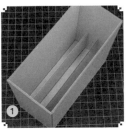

① 備妥半成品紙盒，可依需要自製夾層。亦可自行裁切紙板製作盒子

② 內部塗上壓克力顏料

③ 外層黏貼美術紙，用暈邊刷與印台加以暈邊

④ 鉤出織帶，可依喜好編織，也可以緞帶替代，在此不詳述編織方式

⑤ 將織帶或緞帶繞在紙盒四周，加上主題造型紙板，即完成

發揮創意，
讓簡單的半成品小櫃，
搖身變成美麗的收納櫃，
加上了抽屜，
實用度更加分。

花紋
抽屜小櫃

材料：
半成品收納櫃、無酸美術紙、無酸抽屜紙板、毛線、無酸薄頁美術紙、金屬飾品、貼飾
工具：
無酸壓克力顏料、無酸膠水、鉤針、暈邊刷、無酸水性印台、無酸底劑、水彩筆、調色盤、剪刀

① 備妥半成品收納櫃與抽屜紙板，先了解整體架構

② 將紙板黏合成抽屜，刷上底劑或壓克力顏料

③ 將薄頁美術紙黏貼到紙盒內，做出隨興感

④ 木板向前的側邊也都黏貼上薄頁美術紙

⑤ 在每一片木板的內面刷上調和的壓克力色

⑥ 向外的一面黏貼上美術紙

⑦ 抽屜的外側也黏貼美術紙

⑧ 使用暈邊刷與壓克力顏料，將薄頁美術紙刷出泛黃感

⑨ 貼上花朵飾品，也可另行編織小花；在抽屜黏貼飾品，即完成

Tips
・刷色時除了底劑外，也可使用壓克力顏料，因壓克力顏料的色彩豐富、覆蓋力強，使用上較為方便。
・薄頁美術紙（Tissue Paper），質感薄透，有不同的花色紋路可選擇。

鏤空的復古金屬感收納盒，

別緻典雅的調性，

最適合用來收藏具有回憶性質的小物。

打開它的瞬間，

彷彿揭開了昔日的記憶寶盒……

鏤空復古
收納盒

材料：
無酸美術紙、無酸造型紙板、無酸布膠帶、雙腳釘、無酸貼飾、無酸自黏式仿金屬紙、緞帶
工具：
無酸壓克力顏料、無酸膠水、滾輪、無酸酒精顏料、酒精顏料用棉布刷、無酸珠光粉顏料、打洞器、小刀

① 備妥鏤空造型紙板，大小可自行決定

② 內盒三邊劃出刀痕不切斷，較易摺起

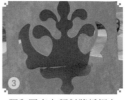

③ 調和壓克力顏料將紙板上色。先調和出底色，再使用滾輪刷出較淡的顏色，製造斑駁感，用珠光粉顏料與黑色印台畫出陰影，將盒子的側邊也刷上咖啡色壓克力顏料

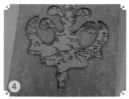

④ 將美術紙裁成適當大小，黏貼在盒內鏤空處，讓圖案透出

⑤ 將美術紙裁成合適的長條，黏貼在盒蓋內，邊凹摺邊黏，包覆起來更美觀。再剪裁美術紙，從盒蓋側邊包覆至底部

⑥ 內盒的紙板也黏貼上美術紙，再使用布膠帶繞內盒外圍，黏貼成型

⑦ 使用金色酒精性顏料在仿金屬紙上塗色，剪下三角狀，黏貼到盒蓋邊角

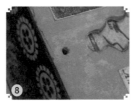

⑧ 在紙盒上打出孔洞，釘上雙腳釘；下方紙板也打出孔洞，穿過緞帶

⑨ 將緞帶打結後繞過雙腳釘，盒子即可封口。加上喜愛的貼飾，即完成

Tips
· 金色酒精顏料可使仿金屬紙的色澤更為復古。
· 黏貼雙腳釘時可利用泡棉將之墊高，方便繫上緞帶。

格紋迷你木頭層架

材料：
木頭層架、無酸美術紙、無酸字母紙板、貼飾
工具：
無酸壓克力顏料、無酸膠水、小刀、無酸水性
印台、暈邊刷

將要使用的木頭層架拆開來，了解架構

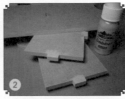

在拆開來的木板側邊刷上壓克力顏料，可選擇與美術紙相近的顏色

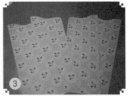

依木板形狀剪裁美術紙，加以包覆黏貼

黏貼後的木板

側邊可用暈邊刷刷上些許印台色，增添立體效果

可選擇不同圖樣的美術紙搭配應用

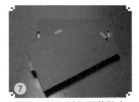

繼續以美術紙包覆黏貼木板。由於木板中有鏤空處，切割時需留意

包覆完成的木板加以組裝

在木頭層架裝飾上喜愛的字母或飾品，即完成

Tips
• 刷色時選用了壓克力顏料，因其覆蓋性強，調色使用上較為方便。

簡單大方的木頭層架，就用喜愛的美術紙加以拼貼，為它們換套新衣吧！

美麗可愛的提包，
對女孩兒而言永遠不嫌多。
讓我們將實用的收納盒，
變身甜美的提包吧！

甜美提包收
納盒

材料：
無酸美術紙、無酸紙板、棉布、木飾、造型帆布提帶、帆布塊、造型木軸、別針、
緞帶、雙腳釘、鉚釘
工具：
無酸壓克力顏料、無酸膠水、無酸水性印台、暈邊刷、無酸 Stain 染劑、鉚釘工具、
水彩筆、剪刀

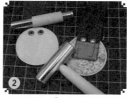

備妥盒身所需的紙板，將四周紙板靠著底板四邊黏合。在紙板四邊刷上壓克力顏料，裁切美術紙黏貼到盒內底部與盒內側，盒外也貼上美術紙

裁切約 $1\frac{3}{4}$ 吋的小圓紙板，塗上壓克力顏料，其中一面貼上與紙板同花色的美術紙，再打出與提帶相對應的洞孔，釘上鉚釘，連接提帶與小圓紙板

在小圓下緣與紙盒側邊打出洞孔，釘上雙腳釘，提帶即可旋轉

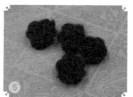

準備紅色花邊布條

將布條捲起，尾端塗上膠水，即成玫瑰花

帆布塊裁成提包布蓋的形狀，將葉片與花朵組合貼上，加上樹葉緞帶與木牌，用 Stain 暈出復古色

用蕾絲緞帶遮住布蓋邊緣

將布蓋黏貼到紙盒上，再黏上蕾絲緞帶遮住布蓋邊緣

在盒子正面距離上緣約 3.5 吋處，用戳針戳出左右兩洞孔，縫上木軸

將尺緞帶以別針別在布蓋上，尾端加上修成圓角的帆布塊，用金屬馬克筆上色，即完成

Tips
· 步驟 1 中黏合紙板時，需留意是將四周紙板靠著底板四邊，而非架在底板上。
· 若帆布提帶為素色，也可自行塗上喜愛的色彩。

雅緻收納盒

材料：
無酸美術紙、無酸紙板、無酸紙卡、緞帶、金屬飾品、棉布
工具：
無酸壓克力顏料、無酸膠水、無酸水性印台、暈邊刷、剪刀

備妥要使用的紙版。由上至下依序為盒子的背板、底板、前板，左右圓弧為盒子的兩側

背板與底板用膠水固定，再將交接處的內側塗上膠水，黏貼紙膠帶。用同樣的方式將其餘紙板黏起

準備與背板相同形狀的紙卡和棉布，紙卡較背板略小，棉布則略大。將紙卡置中貼至棉布背面，放入盒內，棉布的圓弧處修出鋸齒狀，黏到背板背面

準備與前板相同形狀的紙卡和棉布，紙卡較前板略小，棉布略大。將紙卡置中貼至棉布背面，左右下角修出斜角，黏貼到盒內

用粉藍格線棉布裝飾側板。包覆方式與步驟4相同，唯紙卡黏貼到棉布上時，需將左右兩側包覆起來，再黏合到兩側內

用卡其色棉布裝飾底板內，同樣將紙卡置中黏到棉布上包覆，將底板內裡黏牢，即完成盒子內裡

將美術紙裁成較底板略大，修出斜角後，包覆黏貼在底板外側

將美術紙裁出側邊版型2張，黏貼在紙板上

用美術紙的另一面，裁成合適長條，量好邊色後貼上，背部同樣包上美術紙。在盒子正面貼上玫瑰緞帶、飾品，即完成

Tips
· 步驟2中所貼上的紙膠帶本來就具有黏性，加上膠水可讓紙板間的黏合更穩固。

小巧可愛的收納盒，
總能為桌上風景加分不少。
無論收納叉匙餐具，
或是書桌上的文具都很不錯。

獨特又別緻的穿環圈裝方式，
加上一朵朵手染的棉布玫瑰，
讓收納盒散發出不可思議的魅力……

棉布玫瑰
收納盒

材料：
無酸美術紙、無酸紙板、棉布、鐵環、
玻璃亮片
工具：
無酸 Stain 染劑、無酸膠水、裝釘書機、
打洞器、無酸水性印台、暈邊刷、小刀

① 備妥要使用的無酸染劑和紙板，用 Stain 在紙板側邊上色

② 將美術紙裁切成與紙板相同的大小

③ 包覆紙盒外側的美術紙，尾端預留半吋寬

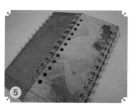

④ 包覆內側的美術紙，尾端同樣預留半吋寬

⑤ 將紙板量好邊後，即可打上洞孔，將紙板穿環

⑥ 用預留的半吋美術紙連接底板，再蓋上相同尺寸的美術紙，即完成底座

⑦ 接著將白色棉布裁成長條，用 Stain 上色

⑧ 從中心開始，將棉布纏捲，繞成花朵狀，這裡共做 12 朵

⑨ 花蕊處加上玻璃亮片點綴，將它們裝飾在收納盒上，即完成

緞帶相本盒子

材料：
無酸美術紙、無酸紙板、緞帶、造型鐵絲、無酸羊皮紙、黏貼照片邊角夾、無酸布膠帶、釦眼
工具：
無酸膠水、無酸水性印台、量邊刷、工作棒、壓凸工具、鉗子、小刀

① 備妥 4×4 吋紙板 5 片，用布膠帶繞過紙板正反面，將紙板接牢

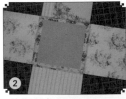

② 美術紙裁切 4.25×4.75 吋 4 張，將紙板四個正面黏貼包覆；內裡則分別貼上 4 張量好邊色的 3.8×3.8 吋美術紙。在盒底內外貼上 3.8×3.8 吋美術紙

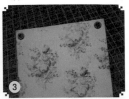

③ 在盒子四面邊角釘上釦眼

④ 將羊皮紙張壓凸，使用粉紫色印台與量邊刷，將壓凸的羊皮紙張上色

⑤ 將上好色的羊皮紙黏貼到盒內作成口袋

⑥ 備妥黏貼式的照片邊角夾，量好照片大小，將 3 個角落黏貼邊角夾，用工作棒壓平，牢貼在紙板上

⑦ 將緞帶疊起，凹摺如圖

⑧ 用鐵絲將緞帶束起，即成緞帶結，共做 4 個緞帶結；將鐵絲穿過釦眼固定在盒子上，多餘的鐵絲塑成勾狀

⑨ 將呈四角呈勾狀的鐵絲與一旁的紙板相接，照片放入步驟 6 黏好的邊角夾內，即完成

Tips
· 用鐵絲勾四面的盒子可內外變換方向，因此製作盒內裡時可多加留意花紋配色。

一成不變的收納盒，
即便再美麗，也有看膩的時候。
發揮巧思的紙盒拼接方式，
只需為盒子裡外翻個身，
就能換套不一樣的新裝囉！

收納盒也能玩起疊疊樂，不高不低，兩層的高度剛剛好，拿取方便，又不占位置，是小角落的收納好選擇。

典雅雙層
布製收納盒

材料：
無酸美術紙、無酸紙板、棉布、造型貼
飾、造型雙腳釘、緞帶
工具：
無酸壓克力顏料、無酸膠水、小刀、戳
針、水彩筆

① 將紙板組合成盒子，右側為上層，可插入下層盒子內。將上下盒的內裡，與右側盒子的底部與四周刷上壓克力顏料

② 剪裁美術紙，將上盒的四側黏貼包覆起

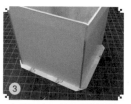

③ 包覆下盒，剪裁美術紙較盒底略大，黏貼到盒子底部，四角修出斜口，再將四邊包覆起

④ 接著製作盒蓋，備妥棉布、鋪棉，與預先打好洞孔的紙板

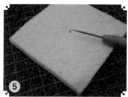

⑤ 先將鋪棉黏貼到紙板上，使用戳針在鋪棉上戳出與紙板相同的洞孔

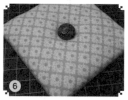

⑥ 將黏合的鋪棉與紙板置中黏貼到棉布上，棉布四角剪出斜口，四周包起，將棉布上戳出洞孔，穿過雙腳釘

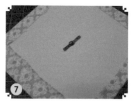

⑦ 盒蓋背面的模樣

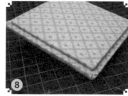

⑧ 接著再用相同布塊包覆紙板，黏貼到盒蓋內

⑨ 在上盒四周黏貼上蕾絲，加上橘色緞帶，最後在下盒的側邊戳出與提把相對應的2個洞孔，別上鐵牌即完成

Part 6

居家布置

只要想得到，就能創作出來，這就是 Scrapbook 好玩的地方。
活用拼貼技巧與小飾品，不受拘限的創作形式，
所營造出滿滿手感的居家氛圍，妝點了生活，也溫暖了心。

家，是最能讓人放鬆心情的所在。
結束了一天的忙碌，
回到家，窩在沙發上，
喝杯茶、翻翻書……
沉浸在完全屬於自己的空間裡，
這就是我生活中的小幸福。

無論家中或辦公室，
擺上一個小抱枕，
幸福指數更提升！

彩繪玫瑰
小抱枕

材料：
無酸帆布、棉花、緞帶、網紗、雙腳釘、
縫線：
工具：
無酸壓克力顏料、無酸粉彩顏料、印章、
壓克力塊、無酸油性印台、針

① 備妥印有色彩的帆布，裁切出 2 塊，尺寸依喜好而定，這邊裁下淡藍漸層色的部分

② 使用印章，在 2 塊帆布上蓋出喜愛的圖案，為抱枕的正反面

③ 此為抱枕的正面

④ 使用壓克力顏料將正面的花朵上色

⑤ 未上色的部分可依喜好，用棉花沾粉彩輕輕上色

⑥ 粉彩在帆布上呈現淡淡的珠光效果。初學者建議可多留點白，僅在葉緣、布面塗上少許即可

⑦ 將 2 塊帆布圖案朝內對齊，四周用棉線縫牢，留一小段將帆布翻轉成圖案朝外，填入棉花後封口收針，也可裝飾上緞帶、小花，即完成

Tips
· 在帆布上印製圖案時，建議使用油性印台，較易著色。

滾上荷葉邊的洋裝小吊飾，
為家中妝點出優雅浪漫的異國風情……

洋裝吊飾

材料：
無酸美術紙、無酸紙板、無酸皺紋紙、棉花、緞帶、造型花、蕾絲、縫線、雙腳釘、珠針、水晶飾品

工具：
無酸壓克力顏料、無酸珠光顏料、無酸膠水、暈邊刷、無酸水性印台、針

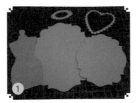

① 備妥紙板與帆布，裁剪成喜愛的形狀，在紙板側邊塗上壓克力顏料

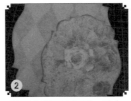

② 紙板上黏貼美術紙，最大片的紙版為底板，背面也要包覆，再用暈邊刷暈邊

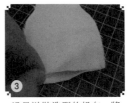

③ 這是洋裝造型的帆布，將底部的車線剪開一小段

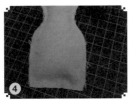

④ 洋裝中塞入適量的棉花，再縫線封口。在線尾打結後從洋裝背面肩膀處穿過，再將洋裝翻正面，準備縫製棉球

⑤ 將針平放，棉線繞針四五圈，拉緊後將針從原先針穿出的位置斜斜刺入，不要穿過背面帆布，取間距在正面刺出，再將棉線逐漸拉緊，形成小棉球

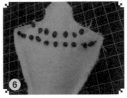

⑥ 順著頸部縫出上下兩排，再貼上小花緞帶

⑦ 裝飾裙尾，貼上藍色絲質波浪緞帶，再貼上藍綠色的蕾絲與小花緞帶。洋裝邊可用印台與暈邊刷暈色

⑧ 造型紙板先塗上藍色壓克力顏料，乾後再上白色壓克力顏料，做出復古感。黏上玫瑰，別上雙腳釘，玫瑰用印台與暈邊刷暈色，襯上美術紙，黏到洋裝上

⑨ 愛心框紙板塗上銀色壓克力顏料，乾後用些許深藍色珠光顏料刷色，美術紙剪出成愛心圖案後貼上照片。將皺紋紙用造型剪刀剪出波浪狀，暈邊後黏到愛心框邊緣。將其餘素材一併拼貼上底板，即完成

Tips
・縫製棉球時，需留意針線不要穿透背面帆布，避免壓扁棉花。

活用木材與小物拼貼而成的相框，一點一點，裝飾出重要的回憶。

創意木頭造型相框

材料：
無酸美術紙、無酸紙板、木條、緞帶、蕾絲、帆布、造型飾品

工具：
無酸壓克力顏料、無酸珠光顏料、無酸膠水、暈邊刷、無酸水性印台、無酸打底劑、無酸水性蠟筆、筆刷、印章、無酸油性印台、剪刀

① 備妥需用到的紙板與木條，將兩側與下緣的木條貼上，上緣的木條先繫上蕾絲，再貼到紙板上

② 在木條上薄刷一層底劑，方便顏料附著

③ 這邊用來當作木框底色的顏料，分別為暗紅色珠光顏料、藍綠色與鵝黃色壓克力顏料

④ 使用附有珠光色澤的水性蠟筆，可直接上色，也可加水暈染

⑤ 綠色顏料直接塗在木頭上，再用濕筆刷暈開

⑥ 金色則於塗抹後直接用手推開，顏色較厚實

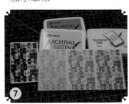

⑦ 將美術紙裁出 $6\frac{1}{8} \times 8\frac{1}{8}$ 吋貼上，貼上木尺裝飾，再使用油性印台將文字背景章轉印到紙卡上，剪下需要的字母，拼貼至框內

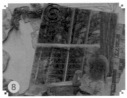

⑧ 黏貼照片，夾上造型迴紋針與緞帶

⑨ 用珠光顏料為圖塊上色，直接塗抹或推開均可，再拼貼上圖塊裝飾，即完成

娃娃掛布

材料：

棉布、帆布、緞帶、棉線

工具：

無酸膠水、無酸水性蠟筆、無酸珠光噴劑、針、背景印章、無酸油性印台、鉛筆、型版、剪刀

① 備妥白色棉布條，長約 2 × 20 吋

② 將布條對摺壓平

③ 摺痕處縫上棉線

縫線處

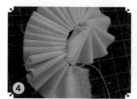

④ 縫好棉線後，先不要收針，將棉線抽拉出來

⑤ 圍成圓形，將布的兩端縫合後再收針

⑥ 將棉布撐開，抓出喜愛的弧度，即完成手作布花

⑦ 用珠光色噴劑為布花噴色

⑧ 在帆布上蓋上文字與背景章，用鉛筆勾勒出娃娃的輪廓

⑨ 利用型版與噴劑在背景上色，再用水性蠟筆為娃娃著色，將花朵黏貼到帆布上即完成

Tips

· 用印章蓋出圖案，簡單的作法，即便不拼貼紙張，也能做出豐富的底圖。

無論在日本或西方國家，掛布都是很常見的牆面吊飾。就用這幅娃娃掛布，為家中增添一抹春天的氣息……

口袋大小的迷你相本，

擱在專屬的書架上，

讓小小的角落，

也充滿了自己的生活風格。

浪漫之春
相本╳書架

材料：
木架、緞帶、無酸木板、無酸美術紙、棉布、
金屬飾品、造型貼珠
工具：
無酸膠水、無酸壓克力顏料、無酸珠光噴劑、
水晶印章、壓克力塊、無酸油性印台、壓凹
板、無酸染劑、邊條打洞器、小刀

將書架加以組裝成形後，
在木板上塗抹壓克力顏
料，用染劑刷上邊色

將美術紙用邊條打洞器打
出花邊，黏貼到木板上

準備水晶印章、壓克力
塊、印台，在書架兩側木
板印紋裝飾

將半圓花邊蓋在書架側
邊，黏上貼珠，裝飾上單
顆珠子

貼上復古造型的銅飾，書
架即完成

製作相本內頁，將 24 ×
12 吋長型美術紙裁切成
3 吋長條，用壓凹板每 3
吋壓出凹痕摺起

製作相本封面。備妥需用
到的木板

將木板內側分別黏上蕾
絲，再貼上摺疊好的內頁
前後兩端

木板刷上壓克力顏料，貼
上美術紙，用量邊刷在紙
張邊緣刷上邊色，即完成

娃娃屋風格展示盒

材料：

展示盒、緞帶、無酸美術紙、小玻璃瓶、玻璃亮片、金屬飾品、造型貼珠、金屬細線

工具：

無酸膠水、無酸壓克力顏料、無酸裂劑、水晶印章、壓克力塊、無酸油性印台、壓凹板、無酸 Stain 染劑、暈邊刷、針、線、小刀

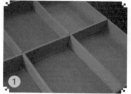

1 備妥六格展示盒，先將框架側邊塗上壓克力顏料

2 展示盒背面也上色

3 在上色處刷上相同色系的裂劑，待裂劑自然乾燥

4 局部刷上些許藍色、棕色的 Stain 染劑

5 紙卡裁成展示格大小，量上邊色，繪製或印上喜愛的圖案

6 將小卡分別貼在展示格內

7 小瓶子內放入玻璃亮片，並用金屬細線繫上鐵牌懸掛在瓶口

8 製做緞帶花，緞帶縫上半圓曲線，再抽拉棉線，緞帶即皺成花瓣狀。可依需要的花瓣數決定縫製數量，這邊縫了 5 個半圓

9 花蕊處黏上貼珠，即完成緞帶手作花。在展示盒上拼貼所有素材與裝飾，即完成

可愛的小紙片、花朵、蕾絲、緞帶，

這麼多討人喜愛的素材，

動動手，為它們拼貼出專屬的舞台吧！

小時候，

總幻想自己能夠長出翅膀，

像鳥兒般自由翱翔。

親手做的小鳥吊飾，

讓兒時的夢，

也一同乘風飛翔。

小鳥造型吊飾

材料：
緞帶、無酸美術紙、棉花、造型貼珠、棉線、造型貼飾、造型紙板或小木牌
工具：
無酸膠水、無酸亮膠、針、打洞器、剪刀

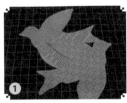

① 美術紙上剪出小鳥造型，可使用稍有厚度的紙張

② 用粗針將造型紙鑽孔，孔鑽大一點較易縫線

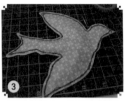

③ 將二片縫合，需預留塞棉花的小縫，再封口收針

④ 自己手縫較有手工感，也可使用縫紉機

⑤ 依照喜好決定小鳥數量

⑥ 貼上裝飾品

⑦ 可加上亮膠局部裝飾

⑧ 將造型紙板或小木牌穿洞後穿上棉線，與小鳥一同串起，即完成

Tips
・若縫線時不太好縫，可試著將要縫的地方稍用膠水固定後再縫。
・造型紙板可依喜好使用無酸紙板、美術紙等素材加以拼貼；或以小木牌取代亦可，形式不拘。

日常蒐集的名片、卡片，
將它們裝進一只小小的布夾，
收納、攜帶都方便。

童趣和風
名片夾

材料：
棉布、網紗、棉線、造型毛料飾品、蕾絲
工具：
針、戳針、工作墊、無酸噴劑、剪刀

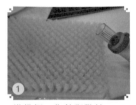

① 準備好工作墊與戳針

② 備妥造型毛料飾品

③ 將毛料飾品擺放在棉布上用戳針上下移動，讓圖案纏繞在棉布上

④ 利用不同的圖案加以組合

⑤ 再用噴劑將棉布上色

⑥ 將拼貼完成的白色棉布縫製到綠色棉布上，即為名片夾封面

⑦ 剪裁編織網紗，固定在綠色布塊另一側，作為封底

⑧ 剪出 2 長條綠色棉布，同樣用戳針戳上毛料飾品

⑨ 在名片夾內側兩端縫上長條，即完成

Tips
· 可依喜好在名片夾上黏貼蕾絲做裝飾。

作　　　者　Vianne
攝　　　影　楊志雄
步驟攝影　李志剛（Kirin）

發　行　人　程安琪
總　策　畫　程顯灝
編輯顧問　潘秉新　錢嘉琪

總　編　輯　呂增娣
主　　　編　李瓊絲　鍾若琦
執行編輯　李雯倩
協助編輯　李志剛（Kirin）
編　　　輯　吳孟蓉　程郁庭
美　　　編　劉旻旻
封面設計　劉旻旻
出　版　者　橘子文化事業有限公司

總　代　理　三友圖書有限公司
地　　　址　106 台北市安和路 2 段 213 號 4 樓
電　　　話　(02) 2377-4155
傳　　　真　(02) 2377-4355
E - m a i l　service@sanyau.com.tw
郵政劃撥　05844889 三友圖書有限公司

總　經　銷　大和書報圖書股份有限公司
地　　　址　新北市新莊區五工五路 2 號
電　　　話　(02) 8990-2588
傳　　　真　(02) 2299-7900

初　　　版　2013 年 1 月
定　　　價　220 元
I S B N　978-986-6890-71-0　（平裝）

國家圖書館出版品預行編目 (CIP) 資料

Scrapbook 玩手作：40 個好感 x 創意幸
福提案 / Vianne 著 . -- 初版 . -- 臺北
市：橘子文化，2013.01
　　面；　公分
ISBN 978-986-6890-71-0(平裝)

1. 手工藝

426.7　　　　101027508

http://www.ju-zi.com.tw
橘子 & 旗林 網路書店